摩登大自然工作室　著

图书在版编目（CIP）数据

太空探索 / 摩登大自然工作室著 . -- 西安：未来
出版社 , 2022.3
　ISBN 978-7-5417-6882-8

　Ⅰ . ①太… Ⅱ . ①摩… Ⅲ . ①空间探索－儿童读物
Ⅳ . ① V11-49

中国版本图书馆 CIP 数据核字 (2021) 第 273317 号

TAIKONG TANSUO
太空探索

摩登大自然工作室　著

出 版 人：李桂珍
选题策划：赵向东　陈丹盈　李 康
责任编辑：陈丹盈
印制总监：宋宏伟
排版制作：王星玥
出版发行：陕西新华出版传媒集团　　未来出版社
地　　址：西安市登高路 1388 号
邮　　编：710061
电　　话：029-89122633
经　　销：全国新华书店
印　　刷：陕西金和印务有限公司
开　　本：880mm×1230mm　1/32
印　　张：2.25 印张
字　　数：27 千字
版　　次：2022 年 3 月第 1 版
印　　次：2022 年 3 月第 1 次印刷
书　　号：ISBN 978-7-5417-6882-8
定　　价：25.00 元

目录 Contents

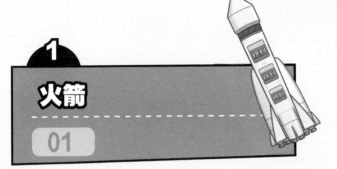

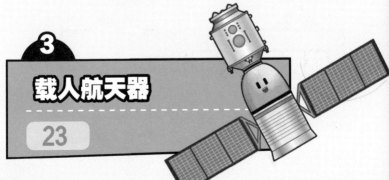

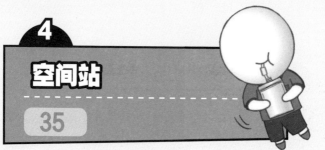
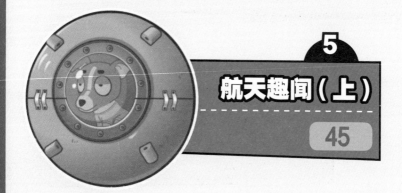

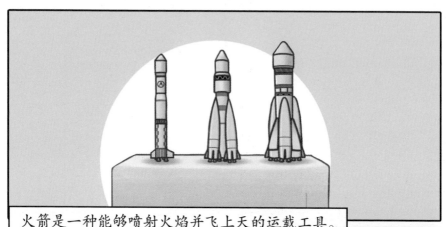

火箭是一种能够喷射火焰并飞上天的运载工具。

箭形运载工具

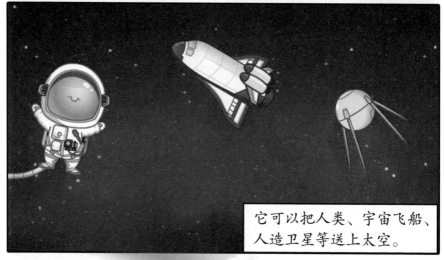

它可以把人类、宇宙飞船、
人造卫星等送上太空。

液体火箭是由美国的罗伯特·戈达德发明的。

罗伯特·戈达德

他在 **1926年** 发射了世界上第一枚液态火箭，因此他被誉为现代火箭技术之父。

世界上第一枚液体燃料火箭

现代火箭技术之父

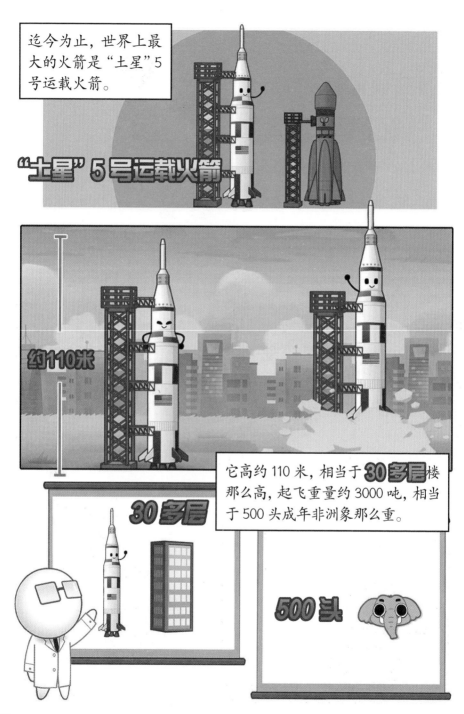

迄今为止，世界上最大的火箭是"土星"5号运载火箭。

"土星"5号运载火箭

约110米

它高约110米，相当于30多层楼那么高，起飞重量约3000吨，相当于500头成年非洲象那么重。

30多层

500头

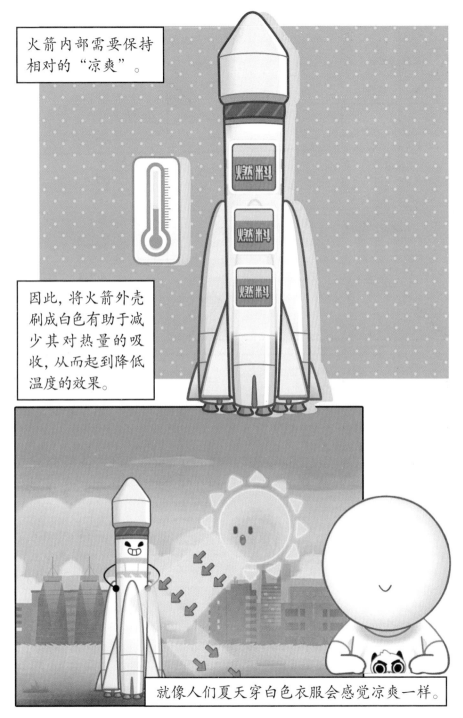

火箭内部需要保持相对的"凉爽"。

因此, 将火箭外壳刷成白色有助于减少其对热量的吸收, 从而起到降低温度的效果。

就像人们夏天穿白色衣服会感觉凉爽一样。

火箭发射过程中往下掉的碎片是隔热泡沫。

隔热泡沫

这些隔热泡沫不仅可以起到保温作用，还可以降低火箭和大气的摩擦生热。

燃料温度

燃料

燃料

火箭温度

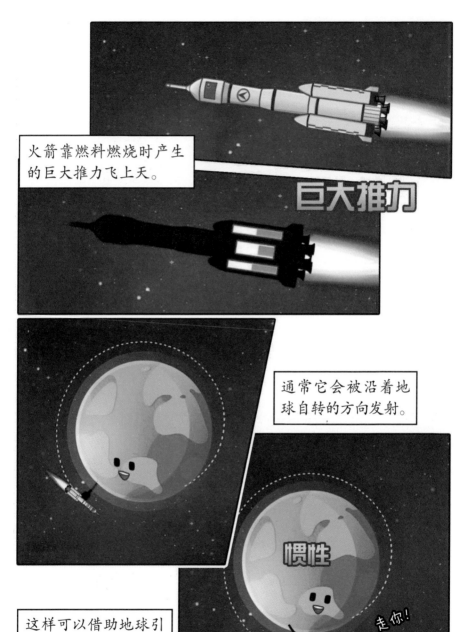

火箭靠燃料燃烧时产生的巨大推力飞上天。

巨大推力

通常它会被沿着地球自转的方向发射。

惯性

走你!

这样可以借助地球引力，开始惯性飞行，帮助火箭进入预定轨道。

这种"针头",叫作逃逸塔,一般只有**载人火箭**才有。

逃逸塔

如果火箭发射失败,逃逸塔可以帮助航天员脱离险境。

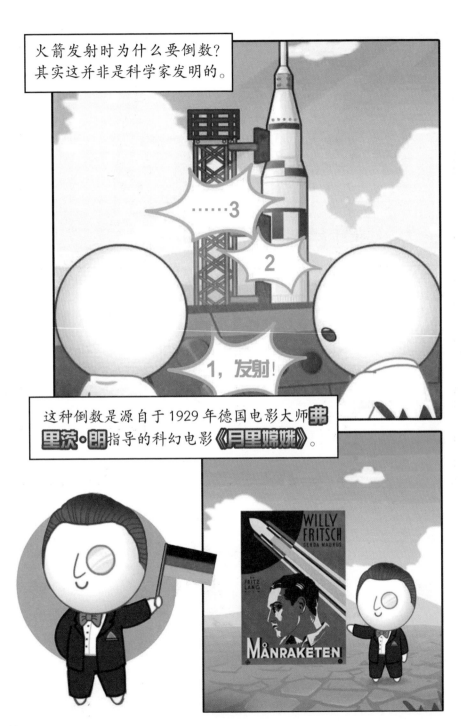

火箭发射时为什么要倒数？
其实这并非是科学家发明的。

……3

2

1，发射！

这种倒数是源自于1929年德国电影大师弗里茨·朗指导的科幻电影《月里嫦娥》。

WILLY FRITSCH
GERDA MAURUS

FRITZ LANG

MÅNRAKETEN

无人航天器

无人航天器是什么？

航天器

无人航天器是航天器的一种，主要包括环绕星球转动的人造卫星和探测宇宙的空间探测器。

人造卫星

空间探测器

人造卫星像天然卫星一样环绕地球和其他行星运行，负责收集和发送信息。

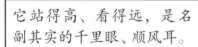

它站得高、看得远，是名副其实的千里眼、顺风耳。

人造卫星上的"翅膀"是用来吸收太阳光的。有的卫星只有一个"翅膀"，是因为它身上有的零件怕光、怕热。

这类怕光和热的零件需要被布置在没有"翅膀"的一侧，来防止被"烧坏"。

人造卫星也会相撞。2009年美国"铱星"33号通信卫星与俄罗斯的"宇宙"2251号军用通信卫星相撞。

这是人类历史上第一次卫星相撞。

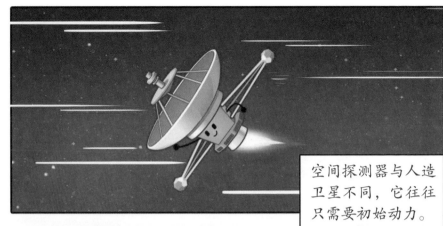

空间探测器与人造卫星不同，它往往只需要初始动力。

站台 地球——太空

进入太空后，空间探测仪器沿着与地球轨道和目标行星轨道都相切的日心椭圆轨道运行。

火星站 引力场

引力场 火星站

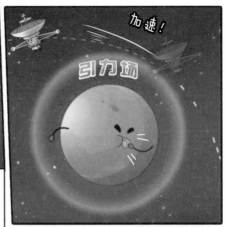

空间探测仪器还可以在绕飞行星时，利用行星引力场加速，实现连续绕飞多个行星。

从 1959 年开始，各种空间探测器相继探测了金星、木星、水星、火星、土星、天王星、海王星、月球、"哈雷"彗星等地外天体。

月球

七大行星

"哈雷"彗星

土卫六

这些探测器成功登陆月球、火星、金星和土星的卫星土卫六。

"旅行者"1号

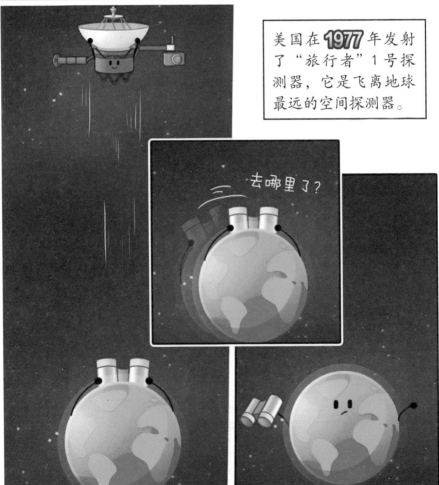

美国在**1977**年发射了"旅行者"1号探测器，它是飞离地球最远的空间探测器。

去哪里了？

19

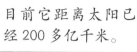
目前它距离太阳已经200多亿千米。

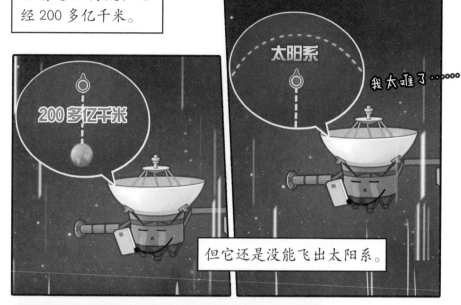

但它还是没能飞出太阳系。

空间探测器只能使用空间核电源，当电池耗尽，就无法工作了。

无法工作的空间探测器不能向地球发回数据。

这时，它就会彻底和地球失去联系，成为飘浮在宇宙中的一艘"流浪探测器"。

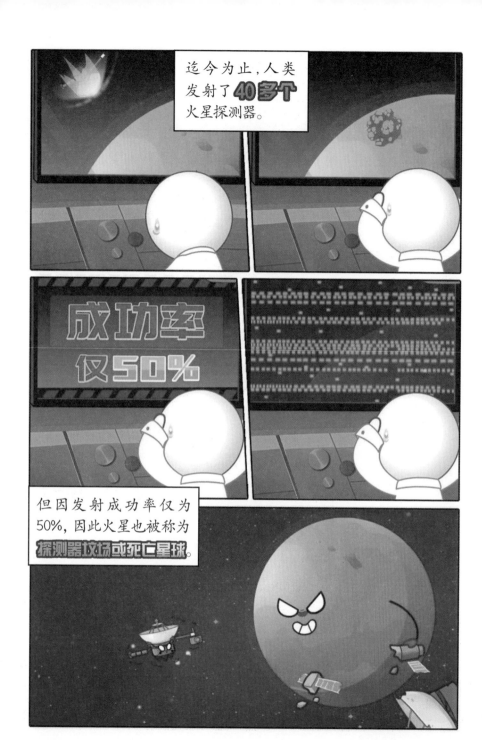

迄今为止，人类发射了40多个火星探测器。
成功率
仅50%
但因发射成功率仅为50%，因此火星也被称为探测器坟场或死亡星球。

载人航天器

载人航天器是在绕地球轨道或外层空间按受控飞行路线运行的载人的飞行器。

包括载人飞船、空间站、航天飞机。

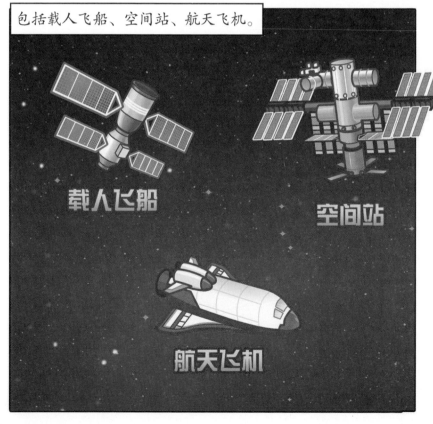

载人飞船

空间站

航天飞机

航天员在外太空有两套装备。

火箭发射时，航天员穿着舱内宇航服，用来预防发射过程中的意外。

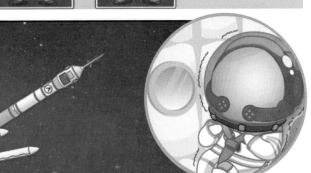

在太空行走时，宇航员穿的是舱外宇航服。

太空舱内有空气，宇航员在舱内可以正常交流。但太空环境里是真空的，声音无法传播。

在太空环境里，就算两个人贴着脸说话，也听不到彼此的声音。

航天员离开太空舱，进入太空就要靠他们穿的宇航服里的电波装置来进行无线电交流。

载人飞船与运载火箭分离进入预定轨道后，载人飞船展开"翅膀"——太阳能电池板。

太阳能电池板

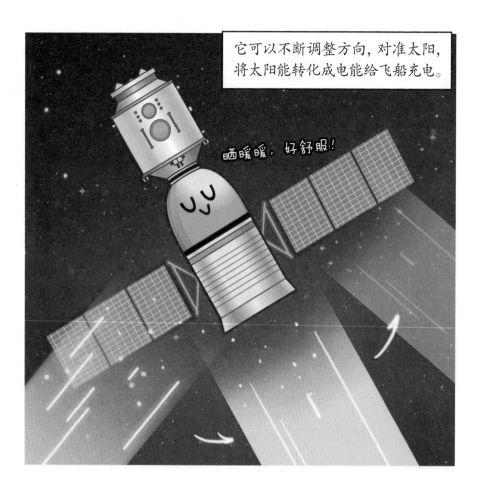

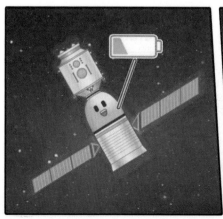

回家吃饭

轨道舱

返回舱

推进舱

要返回地球时,飞船的轨道舱和推进舱会相继和返回舱分离。

大气层

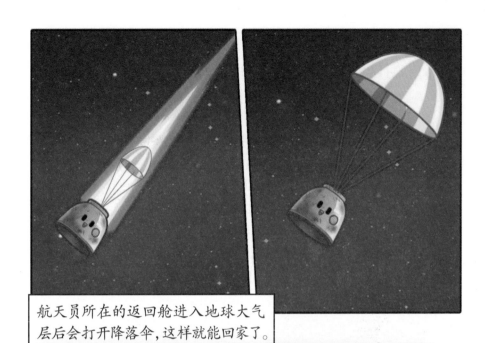

航天员所在的返回舱进入地球大气层后会打开降落伞,这样就能回家了。

回家吃饭

尤里·加加林乘坐着苏联发射的世界上第一艘载人飞船"东方"1号飞入了神秘的外太空。

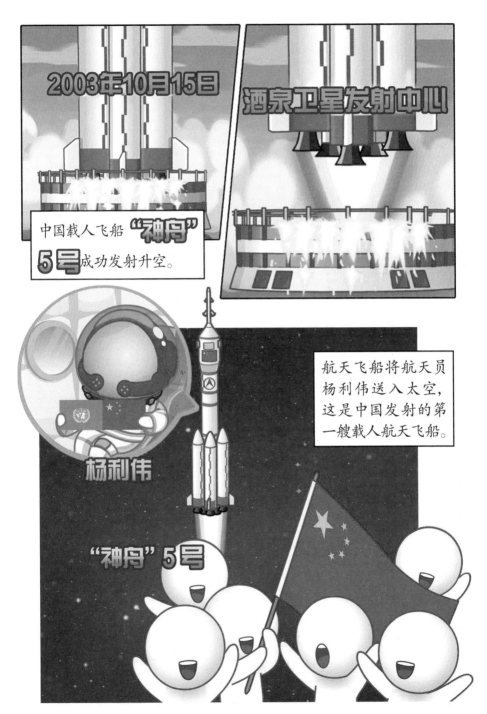

2003年10月15日

酒泉卫星发射中心

中国载人飞船"神舟"5号成功发射升空。

航天飞船将航天员杨利伟送入太空，这是中国发射的第一艘载人航天飞船。

杨利伟

"神舟"5号

载人太空飞行的最长时间记录是由瓦列里·波利亚科夫创造的。

他在太空中持续飞行了437天17小时58分16秒。

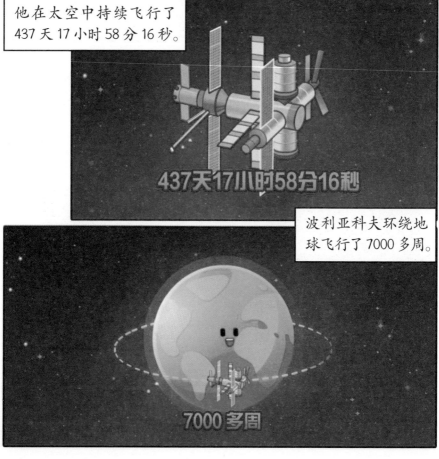

437天17小时58分16秒

波利亚科夫环绕地球飞行了7000多周。

7000多周

空间站是一种能让航天员长期工作和生活在宇宙中的载人航天器。

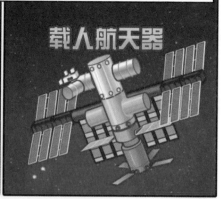

目前世界上所有的空间站都围绕着地球运转。

未来，科学家们可能会围绕月球建立空间站。

1971年苏联建造的"礼炮"1号空间站发射升空，这是人类建立的第一座空间站。

"礼炮"1号

它在太空运行了175天后，受地面指挥中心控制坠入地球大气层被烧毁。

1971年

国际空间站是世界上在轨运行**最大**的国际合作空间平台。

它也是使用时间最长的空间站，已经在近地轨道上运行了20多年。

国际空间站并不是一次性建成的，而是由很多个部件一次次拼接而成的。

它的建成就像拼积木一样。

嗚嗚嗚……

空间站会不会被陨石砸到？会！国际空间站曾经就被陨石砸出个小洞。

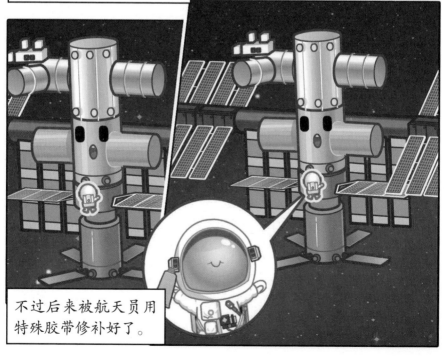

不过后来被航天员用特殊胶带修补好了。

空间站里的航天员在太空失重环境中怎么生活呢？空间站里航天员不能用杯子喝水。

他们只能通过吸管或特制的饮水包来喝水。

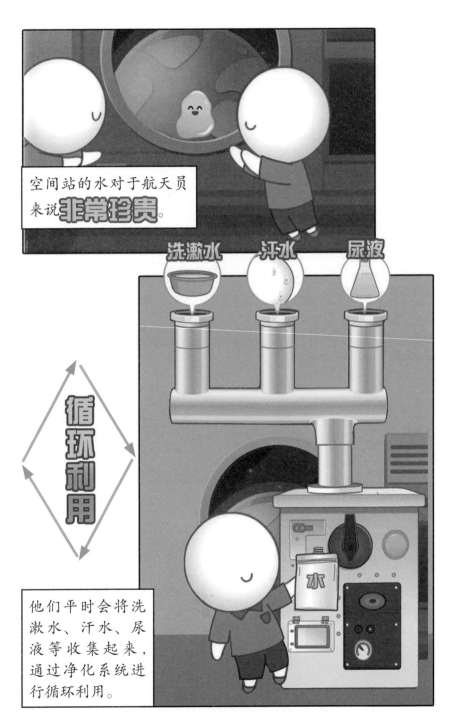

空间站的水对于航天员来说**非常珍贵**。

洗漱水　汗水　尿液

循环利用

他们平时会将洗漱水、汗水、尿液等收集起来，通过净化系统进行循环利用。

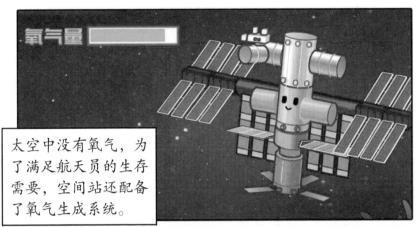

太空中没有氧气，为了满足航天员的生存需要，空间站还配备了氧气生成系统。

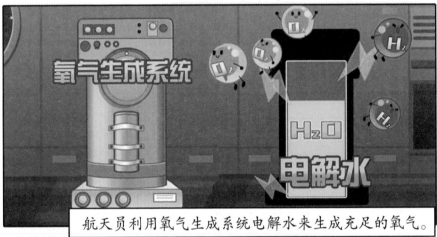

航天员利用氧气生成系统电解水来生成充足的氧气。

这样就可以满足航天员的生活需要了。

当航天员将空间站里的食物吃完了，地球上的工作人员会通过飞船将食物运送上去。

飞船每次可以运送**数以吨计**的补给品。

太空蔬菜

目前，科学家们也能在空间实验室和空间站里种菜，但主要还是用于科学研究，未来或许他们能吃上太空蔬菜。

航天
趣闻(上)

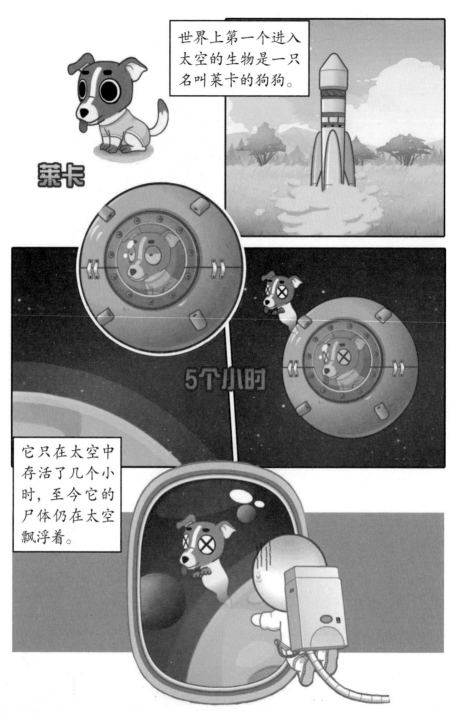

世界上第一个进入太空的生物是一只名叫莱卡的狗狗。

莱卡

5个小时

它只在太空中存活了几个小时，至今它的尸体仍在太空飘浮着。

月球上有没有活人？没有！

不过有个逝者的骨灰被带到了月球，成为唯一一个被埋葬在月球上的人，他叫尤金·舒梅克。

唯一

尤金·舒梅克

他是行星科学的**开拓者和奠基人之一**。

47

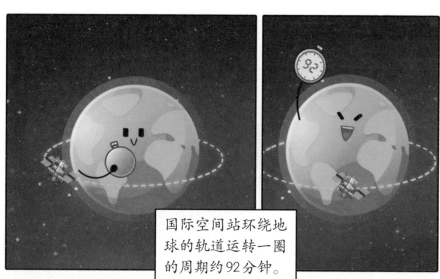

国际空间站环绕地球的轨道运转一圈的周期约92分钟。

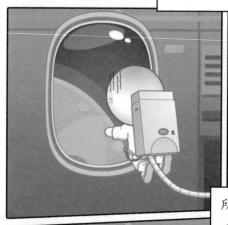

所以在太空，航天员每天可以看到**十五六次日出**。

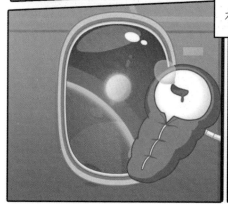

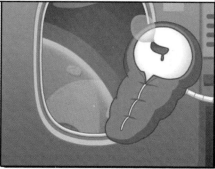

航天员在太空待久了会身体变高、脸变大。

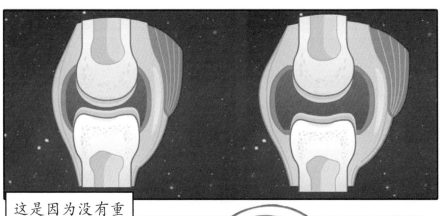

这是因为没有重力影响，宇航员在太空中长期处于失重状态，会让他们的脊椎变长，面部肌肉变得松弛。

月球重力是地球重力的六分之一，但航天员在月球上走路却并不轻快。

因为宇航员穿着120千克的宇航服，这相当于在地球上穿着20千克的衣服负重前行，还是非常笨重的。

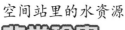

空间站里的水资源**非常珍贵**。

在失重环境下水还会飘来飘去。

这样导致了航天员不能洗澡，一般只能用湿毛巾擦拭身体。

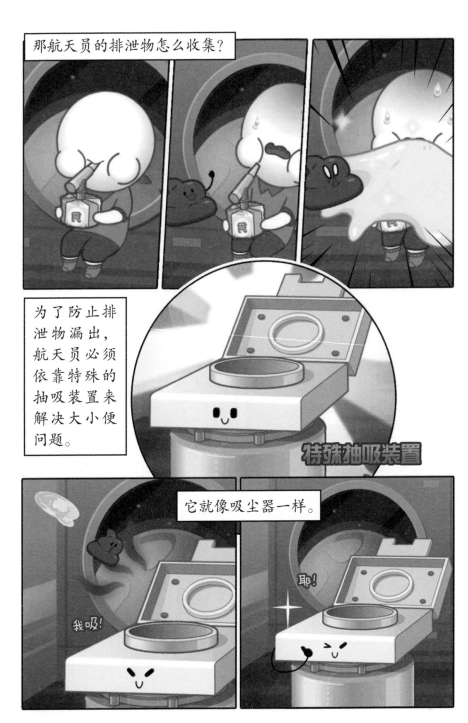

52

航天员在空间站是必须穿袜子的。

因为人脚上的死皮和角质会在太空失重环境下慢慢脱落，飘得到处都是。

所以必须要穿袜子！

美国航天员登月归来后，为了避免从月球上带回来未知病原体，他们接受了一段时间的隔离。

在隔离期间，他们还进行了严格的身体检测。

航天趣闻（下）

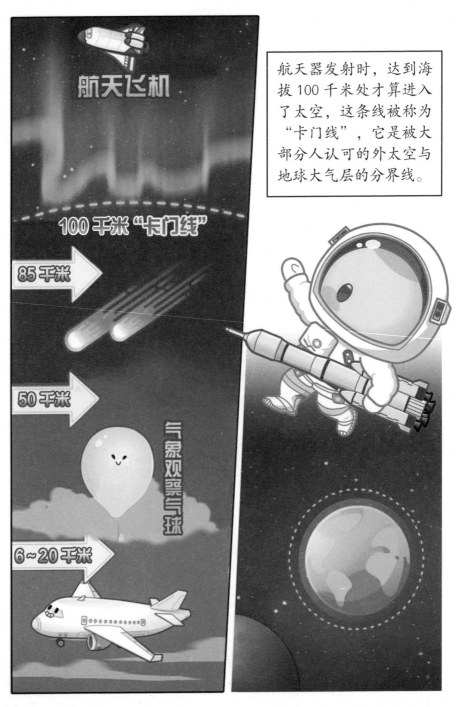

航天飞机

100 千米"卡门线"

85 千米

50 千米

6～20 千米

气象观测气球

航天器发射时，达到海拔 100 千米处才算进入了太空，这条线被称为"卡门线"，它是被大部分人认可的外太空与地球大气层的分界线。

登月时是不走直线的。

因为地球和月球在不断地运动着，发射飞船时需要考虑地球和月球的运动情况。

发射后，飞船需要在轨道上绕行几圈，以便做出下一步的调整。

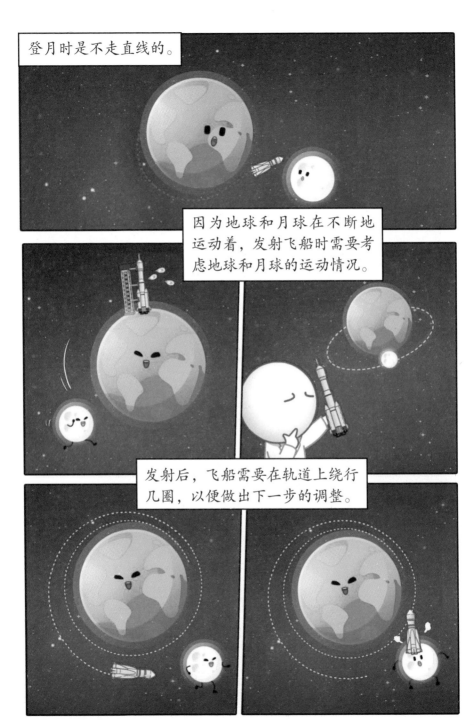

第一个登上太空的航天员加加林身高只有157厘米。

因为早期航天器的空间有限，个子较矮的航天员可以有更多的活动空间。

第一个登上月球的航天员阿姆斯特朗，他在月球上留下了脚印。

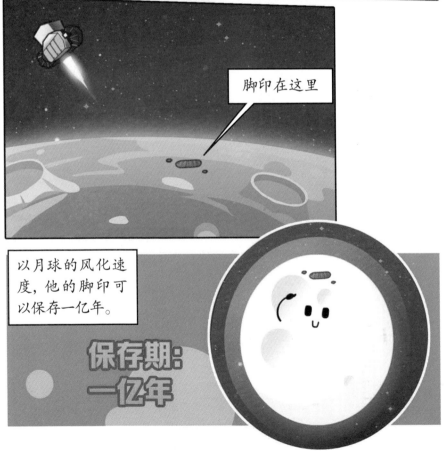

脚印在这里

以月球的风化速度，他的脚印可以保存一亿年。

保存期：
一亿年

航天员睡觉是要开风扇的。

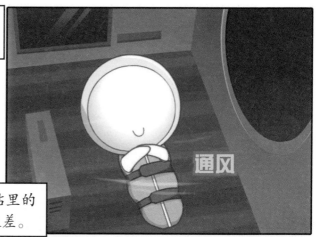

那是因为空间站里的空气流通性比较差。

时间一长，航天员呼出的二氧化碳气团会聚集在鼻子周围，容易让人窒息。

空调也是空间站里的必需品。

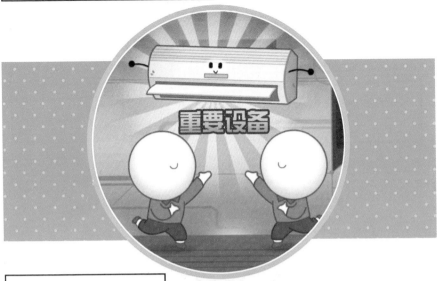

如果没有空调，空间站面对太阳一侧的温度会高达120摄氏度。

背对太阳的一侧则会低至零下160摄氏度。

在太空中是
不能哭的。

因为在太空失重的环境下泪水不会掉下来，而会慢慢地聚集在眼睛周围。

如果航天员一不小心将眼泪吸到鼻子里，就会造成窒息。

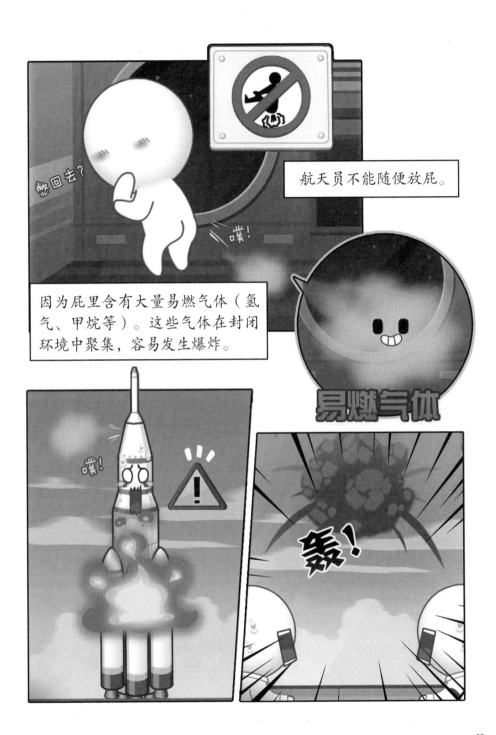

憋回去？

噗！

航天员不能随便放屁。

因为屁里含有大量易燃气体（氢气、甲烷等）。这些气体在封闭环境中聚集，容易发生爆炸。

易燃气体

噗！

轰！

航天员习惯了太空失重环境，返回地面后，不能立即适应地球重力，所以这时他们需要别人抬着走。